老年人 LaoNianRen
安全常识
AnQuan ChangShi

中国职业安全健康协会　组织编写

U0214064

煤炭工业出版社

·北　京·

图书在版编目（CIP）数据

老年人安全常识/中国职业安全健康协会组织编写.
－－北京：煤炭工业出版社，2018
ISBN 978－7－5020－6608－6

Ⅰ.①老… Ⅱ.①中… Ⅲ.①老年人—安全—知识
Ⅳ.①X956

中国版本图书馆 CIP 数据核字（2018）第 082923 号

老年人安全常识

组织编写	中国职业安全健康协会
责任编辑	唐小磊
责任校对	孔青青
封面设计	罗针盘

出版发行 煤炭工业出版社（北京市朝阳区芍药居 35 号　100029）
电　　话 010－84657898（总编室）
　　　　　　010－64018321（发行部）　010－84657880（读者服务部）
电子信箱 cciph612@126. com
网　　址 www. cciph. com. cn
印　　刷 中国电影出版社印刷厂
经　　销 全国新华书店

开　　本 880mm×1230mm$^1/_{32}$　**印张** $1^3/_4$　**字数** 25 千字
版　　次 2018 年 5 月第 1 版　2018 年 5 月第 1 次印刷
社内编号 20180229　　　　　**定价** 15.00 元

编写人员名单

陈文涛　尹忠昌　葛世友　曲光宇

高　旭　赵　冰　袁晓雨

目 录
Contents

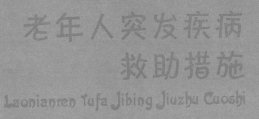

一

老年人突发疾病
救助措施
Laonianren Tufa Jibing Jiuzhu Cuoshi

老年人突然发病往往让人措手不及，那么，突发疾病时，老年人该如何及时有效地寻求帮助呢？

◆ 家中突发疾病救助。如果老年人在家中突然发病，并出现剧烈头痛、眩晕、呕吐、呕血、咯血、心前区疼痛、口眼歪斜、偏瘫、跌倒、大小便失禁等急症之一时，家人应立即拨打120急救电话。在急救人员到达前，老人最好在发病原地，不要随意移动。家人可根据老人突发症状做一些简单处理，如有呕吐或咯血的，要及时清理呕吐物及血块，老人平卧时将头偏向一侧，以免发生误吸及堵塞呼吸道。有明显心前区疼痛的，可以舌下含速效救心丸或硝酸甘油。同时将老人以往看病的病历资料、正在服用的药物及身份证、社保卡、现金或银行卡准备好。急救车到达后，以就近为原则，送到离家最近的医院就诊。

◆ 公共场所突发疾病救助。如老年人在公共场所突然发病，同时又无家人陪伴，神志尚清楚的老人可自行或向他人求救拨打120急救电话，通话时一定要说清楚发病地点，注意要在原地等待急救车到来。如发病地附近有医院，病情较轻的可在他人帮助下，及时到医院就诊。

◆ 旅途中突发疾病救助。如老年人是在旅途中（汽车、火车、轮船、飞机）突然发病，老人可向乘务人员求救。乘务人员将会根据老人的情况采取应急措施，将老人的发病情况向旅客通报，请求旅客中的医务人员帮助。若是在汽车上，司机会将老人送至最近的医院。

◆ 送医后的沟通。送到医院后，老人或家属在与医生沟通时，要尽可能详细地叙述病情，告诉

医生最明显的不舒服是什么，具体部位、开始出现时间、持续时间。告诉医生发病时的情况，包括发病时间、地点、环境、发病缓急、症状及其严重程度。还要向医生叙述以往身体情况，是否患有糖尿病、高血压、心脏病等，是否做过手术、做过什么手术、家庭内其他成员中有无患类似疾病，曾经对什么药物过敏、目前用药情况等。

防止老人跌倒

Fangzhi Laoren Diedao

大部分老年人都是在家里跌倒的，因此只要做好一些预防措施就可以大大地降低危险。

浴室处预防措施：

◎ 地板要可以止滑，特别是地湿的时候要及时清理。

◎ 淋浴间和浴缸要有防滑垫或止滑表面。淋浴间如果有椅子，也要放在接近水龙头的地方，做到用手持式的莲蓬头就可以坐着淋浴。

防滑垫

老年人安全常识

防止老人跌倒

◎ 浴室里最好要有扶手，这样老人进出浴缸时可以扶着借力，上厕所时也可以扶着坐下或站起来。扶手要安装稳固，同时马桶不要太低，这样老人坐下或起来时就不必太费力。

楼梯处预防措施：

◎ 楼梯上不要有杂物，结构坚固，有足够的光线，可视性好。

◎ 楼梯两边尽量都要装有坚固的扶手，楼梯要有止滑条，楼梯上方和下方都要有电灯开关。

◎ 常常上下楼梯可以让老年人训练腿部的力量，但如果老年人有平衡方面的问题，尽量不要使其独自上下楼梯。

房间处预防措施：

◎ 床和家具之间要有足够的空间供其行走，避免因空间狭小而撞伤。

◎ 床榻旁放一张椅子，这样老人换衣服时就可以坐着。

◎ 床边要有照明或手电筒，距离要以伸手就可以打开或拿到为准。

厨房处预防措施：

◎ 厨房台面上不要放太多东西，方便老人买东西回来时放置，减小危险系数。

◎ 地板要可以止滑、不反光以便老人行动。

◎ 橱柜里的东西不要放得太高或太低，要放在不需要别人帮忙就可以拿到的地方。老人拿东西时尽量不要爬上梯子或踩在凳子上，更不要踩在椅子上！

其他预防措施：

◎ 家里要安装夜间照明灯，方便老人夜间可以到浴室或家中其他地方。

◎ 老人晚上起床还没清醒时，走路要用拐杖或助行架。

◎ 椅子要够稳(不要有轮子)，还要有扶手，扶手不要太高或太低，方便老人坐下及站起来。

◎ 为了防止跌倒，破损的地毯、凸起的塑料地板和破损瓷砖都要修理好或换掉、丢掉。电线要紧贴着墙脚安置，不要散在地上。

◎ 有地毯的地方就不需要再用小地毯，因为小地毯容易让老人滑倒。要是小地毯放在光滑的地板上，例如瓷砖、木地板等处，背面要加上止滑垫固定。

◎ 拖鞋太松或已坏掉，鞋底太平滑或是没有包着脚跟的都不要让老人穿，也不要穿高跟鞋或高跟凉鞋。

◎ 有些药物会使人头昏、脚步不稳。如果老人吃药之后有这样的情况，别忘了就医时告诉医生，医生会根据情况改变剂量或处方。

三

老年人出行注意事项

Laonianren Chuxing Zhuyi Shixiang

1. 旅游出行前检查身体

出发前应做一次全面的健康检查，就旅游项目向医生进行详细的咨询，并向医生咨询是否适合出游。特别是患有心脑血管疾病、呼吸系统疾病、骨关节疾病等慢性疾病的老年人，出发前一定要经医生判断后方可参加，并随身携带应急药物。

出行前
体 检

2. 避免过度疲劳

　　旅游时，老人应保证充足的休息和睡眠，合理安排活动，及时将身体状况告知领队或随行保健医生。

3. 注意饮食卫生

外出旅行一定要注意饮食卫生，饮食宜清淡，多吃新鲜蔬果，少食用油腻、辛辣和生冷食物，以免造成肠胃不适。少吃街边小摊，在品尝当地小吃时，要适可而止，切忌暴饮暴食。

4. 注意自身安全

外出旅游期间要保持手机畅通，并定期与家人保持联系，尽量不要在休息时间单独外出。入住宾馆后，要在第一时间了解逃生路线图。在乘坐交通工具时，要注意查看疏散、避难、逃生设施的位置和使用方法。

应该了解突发事件的自救常识，一旦遇到突发性事件或安全事故，能够做到自救互救。若与团队或家人失散，要保持沉着冷静，尽力寻找安全地点等待救援。

四

老人房设计要领

Laorenfang Sheji Yaoling

1. 老年人的卧房设计

卧房设计应带给老人视觉上的享受和感觉上的舒心。老人房的装饰宜少不宜杂，可采用直线、平行的布置法，力求整体统一。老年人不喜欢过强的视觉刺激，房间的配色以柔和淡雅的同色系配置为佳。

2.老年人的浴室设计

　　室内地面材质或色彩的变化，往往造成老年人高低深浅的误判，一不小心就会摔倒。所以，老人房的整个空间，应避免使用有强烈凹凸花纹的地面材料、反光性强的材料。对于老人易摔倒的浴室，更应重点做好安全防范。

老年人应选择淋浴，因不能长时间站立，浴室内应放一个淋浴凳，或在淋浴区沿墙设置可折叠的座椅。选择优质防滑垫，将其放置在浴室门口、洗脸盆下方等处。选用扶手装置在浴室内、马桶旁与洗脸盆两侧，令行动不便的老人生活更自如。

　　老年人使用的厕所门应设计成向外开的平开门或推拉门，如果安装的厕所门是向里推的，如若被反锁后再加上老人摔倒堵住门口，则要打开门就会很费时间，延迟就医时间。

3. 老年人的家具选择

　　老年人在居室中活动的时间比较多，因此老人房的实用性很重要，应先把老人的共性需求考虑周全，再根据不同老人的实际情况做其他个性设计。

　　◆ 家具选择贵在"圆润"、环保、实用

　　不要选择有棱角的家具，多用柔软材质的安全家具，在有尖角的地方加装防护设施，如圆弧角防护棉垫等，以免碰伤老人。家具不能太轻或容易滑动，老人在家里行动时喜欢搀扶着家具，万一失去重心，容易发生意外。

　　◆ 老人床的床架加床垫的高度以略高于他们的膝盖为宜，床垫的选择要适合老人，以老人脊柱保持正直的状态为最佳。床应设置在靠近门的地方，方便老人夜晚如厕。

　　◆ 沙发座位不能过低，也不能太柔软，否则坐下去和站立时老人都会感到困难。有腰痛病的老人，可以选择有腰垫的沙发，有助于消除疲劳。

　　◆ 家具摆设不能拥挤杂乱，否则可能使老人跌倒受伤。家中的家具尽量靠墙而立，衣柜、壁柜等家具的高度不应过高。老年人多半腿脚不够灵便，如果柜子过高一定会给老年人带来不便。

4. 室内温度

◆ 大多数老年人都是怕冷不怕热，所以床、躺椅、沙发等一些供老人长时间休息、坐卧的家具，不要放在正对门窗的位置，以防老人在休息时受风寒。

◆ 对老年人而言，保持适宜的室温尤为重要，18~21 ℃最为合适。在注意室温的同时，老年居室内也要注意保湿，相对湿度以40%~50%为宜。

5. 家居灯光要充足

◆ 老年人对于照明度的要求比年轻人要高，室内不仅应设置一般的照明，还应注意设置局部照明，如厨房操作台和水池上方、卫生间等处。

◆ 灯光开关设置要科学合理，在进门的地方要有开关，否则摸黑进屋开灯易绊倒。

◆ 老人的卧室应有合理的照明。老年人的床头上应安装夜灯，方便起夜时照明。

◆ 要注意的是，如果家里的老人患有白内障，容易把青色与黑色、黄色与白色混淆，那么需要家人在处理室内硬装色彩时应加强注意。

五

室内空气污染预防

Shinei Kongqi Wuran Yufang

◆ 老年人更应提高室内空气污染防治意识，要每天定时开窗通风换气（雾霾天除外），即使在冬天也要坚持。

◆ 烹调时不要将食用油过度加热。做饭时应打开抽油烟机或开窗换气，降低由燃烧和烹调造成的室内空气污染。

◆ 尽量不在室内吸烟，以减少烟雾产生的室内空气污染。

◆ 室内装修时应慎重选择建筑、装饰材料，切忌过度装修。

◆ 在选购家具时最好选择实木家具，尽量不选密度板和纤维板等材质的家具，以减少黏合剂中甲醛的释放。

◆ 遇到雾霾天气时，一定要关紧门窗，使用空气净化器净化空气。

六

诈骗犯罪常见的手段

Zhapian Fanzui Changjian De Shouduan

◆ "部门电话"诈骗。近年来最常见的一种诈骗手段之一。作案人员先找准目标，利用打电话自称是法院、公安局等国家机关工作人员，称老人的子女在外地"犯罪"需要钱处理事情并且会邮寄法院的"传票"，或者老人的子女在外地出了车祸需要钱救治。老人"救子"心切，通常会把钱汇到指定的账户，等到查明事实才意识到被骗。

◆ "看病消灾"诈骗。作案人员寻找到比较迷信或者生病的老年人后，先由一人以问路的方式向老人打探一名"神医"的地址，然后借机宣传该"神医"的神通，以达到带上老人一起去的目的，途中逐渐了解到老人的信息后通知同伙。"神医"见到老人后，称其或其家人将有病或有灾，必须作法消灾，以此利用老年人胆小、迷信的心理诈骗老年人财物。

◆ "保健养生"诈骗。作案人员以爱心助老组织等活动的名义打电话，通过邀请老年人参加免费保健和义诊，以各种手段将老年人带至布置好的现场，然后让所谓的"专家"在现场进行保健养生的讲座，以高价推销各类保健药品。

◆ 网络诈骗。诈骗者借助社交软件实施诈骗，具体方式千奇百怪，遇到时只要不贪图小便宜，不轻信别人的话则可避免。

◆ 短信诈骗。短信诈骗的方式很常见，有显示中奖信息让登录某网站领取的，有通知密码丢失让登录某网站挂失的，但最终都会给出某一个链接网址，该网址通常就是恶意的病毒。在网页看到这类短信不要点击链接地址即可，快速删除。

◆ "宣传投资项目"诈骗。作案人员首先租下高档的写字楼，精心装潢，然后虚构"投资项目"到处宣传。当有老年人来投资咨询时，他们热情接待，并请所谓的"专家"讲解行业背景、市场走向，并以高额利息诱惑老年人。一开始允许短期投资，一旦老年人投入大量资金，写字楼就会人去楼空。

◆ 博同情骗钱财。街头常见一些打扮成学生模样的人以钱包丢失等原因博取别人的同情，换取小

额的饭费、打车费之类。这些一般是社会无业人员或一些团伙集体作案，当然也不排除真有此情况，但大部分都是假的，老年人不要乱发善心。

◆ 调包诈骗。以调包的形式引诱老年人私下分赃，然后以障眼法骗去老年人财物。

◆ 迷信型诈骗。这类诈骗以生命科学为包装，算命、卜卦为幌子，以看相、拜神消灾或变相骗取老年人财物。

◆ 古玩型诈骗。这类诈骗多以邮票、铜钱、古董等为诱饵，一人充当卖主，几人扮演买主当托，怂恿老年人出高价抢购。

七

家庭防盗窍门

Jiating Fangdao Qiaomen

◆ 老年人出门务必关好门窗，反锁防盗门，不将钥匙存放在门前脚垫下、花盆里等自以为安全的地方。

◆ 家中不要存放大量现金及贵重物品，存折、贵重物品不要与户口簿、居民身份证放在一起。楼内发现可疑人员应提高警惕。

◆ 夜晚睡觉时不要将放有钱包的外套、手提包放置在室内靠窗的醒目位置，谨防被钓鱼盗窃。

⚠ 警惕！

602

◆ 发现家中门前有新出现的不明符号要提高警惕，严防是犯罪分子踩点后留下的记号。邻里相互守望，遇可疑情况互相提醒，遇到危险互相帮助。

◆ 一般家庭都会注意安装防盗门,但往往忽略了窗户的安全,错误地认为窗户装上了铁护栏就能达到防范效果。其实护栏的材质、疏密、焊接都有讲究，护栏铁栅间距只有小于15厘米才不会让人钻入。

八

食物中毒应急处置

Shiwu Zhongdu Yingji Chazhi

一旦老年人出现上吐、下泻、腹痛等食物中毒症状，首先应立即停止食用可疑食物，同时立即拨打120中心呼救。在急救车来到之前，家人可以采取以下自救措施：

◆ 催吐。对中毒不久而无明显呕吐者，可先用手指、筷子等刺激其舌根部的方法催吐，或让中毒者大量饮用温开水并反复自行催吐，以减少对毒素的吸收。如经大量温水催吐后，呕吐物已为较澄清液体时，可适量饮用牛奶保护胃黏膜。如在呕吐物中发现血性液体，则提示可能出现了消化道或咽部出血，应暂时停止催吐。

◆ 导泻。如果老年人吃下去的中毒食物时间较长(如超过2小时)，而且精神较好，可采用服用泻药的方式促使有毒食物排出体外。

◆ 在发生食物中毒后，要保存导致中毒的食物样本，以提供给医院进行检测。如果身边没有食物样本，也可保留患者的呕吐物和排泄物，以方便医生确诊和救治。

◆ 当老年人出现有呕吐、腹泻、舌苔和肢体麻木、运动障碍等食物中毒的典型症状时，要注意让病人侧卧，便于吐出，防止呕吐物堵塞气道而引起窒息。如腹痛剧烈，可取仰睡姿势并将双膝变曲，如此有助于缓解腹肌紧张。当出现脸色发青、冒冷汗、脉搏虚弱时，要马上送医院，谨防休克症状。

　　◆ 老年人出现抽搐、痉挛症状时，应马上将病人移至周围没有危险物品的地方，并取来筷子，用手帕缠好塞入病人口中，以防止其咬破舌头。

九

购买药品注意事项

Goumai Yaopin Zhuyi Shixiang

◆ 应到具有《药品经营许可证》的药店购药，并要求药店开具票据。

◆ 仔细查看药品标签或说明书。标签或说明书必须注明药品的通用名称、成分、规格、生产企业、批准文号、产品批号、生产日期、有效期，或者功能主治、用法、用量、禁忌、不良反应和注意事项。产品批号、生产日期、有效期标识不全的药品不能购买。

◆ 根据药品的存放条件来存放，不要服用过期的药品。

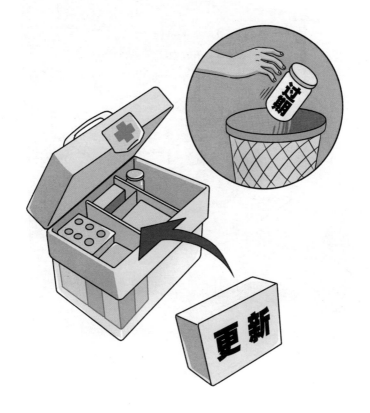

◆ 不要盲目随从广告。要留心广告可能存在虚假内容，误导老年患者。

◆ 不要轻信销售人员的推荐之辞。老年人用药前最好咨询医生，请医生开具处方后到药店购药。

处方药

◆ 慎重对待做活动时的售药、赠药、邮购药品。谨防一些不法药商利用集会、赠药以及邮购等手段，兜售假劣药品和保健品，欺骗老年患者。

◆ 服药前要注意用法用量，不要强行咽下。

推荐书单

定价：15.00元

定价：20.00元

定价：18.00元

定价：18.00元

定价：16.00元

定价：15.00元

定价：25.00元

咨询电话：010-84657840

责任编辑：唐小磊

封面设计：罗针盘

老年人安全常识

LAONIANREN ANQUAN
CHANGSHI

微博

微信

科技传播　知识普及　文化传承

ISBN 978-7-5020-6608-6

定价：15.00元

警示教育 365 天

煤矿事故案例选编

范吉宏 武 萍 季书强 主编

煤炭工业出版社